PRESCHOOL MATH

WORKBOOK
FOR TODDLERS
AGES 2-4

- TRACE AND WRITE NUMBERS FROM 0 TO 10
- COLOR THE NUMBERS
- COLOR AND TRACE
- FIND THE NUMBER
- ADDITION
- SUBTRACTION
- PASTE THE MISSING NUMBERS

Trace Number - 0

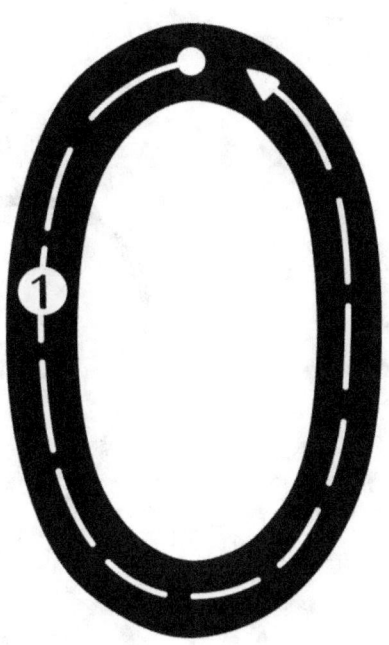

Zero

O O O O

O O O O

zero   zero   zero

zero   zero   zero

Trace Number - 1

One apple

1 1 1 1 1 1

1 1 1 1 1 1

one one one

one one one

Trace Number - 2

Two pineapples

2 2 2 2 2

2 2 2 2 2

two two two two

two two two

Trace Number - 3

Three strawberries

3 3 3 3 3

3 3 3 3 3

three three

three three

Trace Number - 4

Four lemons

4 4 4 4 4

4 4 4 4 4

four

Trace Number - 5

Five oranges

5
five

Trace Number - 6

Six broccolis

6 6 6 6 6

6 6 6 6 6

six six six six

six six six six

Trace Number - 7

Seven tomatos

7 7 7 7 7 7 7

7 7 7 7 7 7 7

seven seven

seven seven

Trace Number - 8

Eight eggplants

8

eight

Trace Number - 9

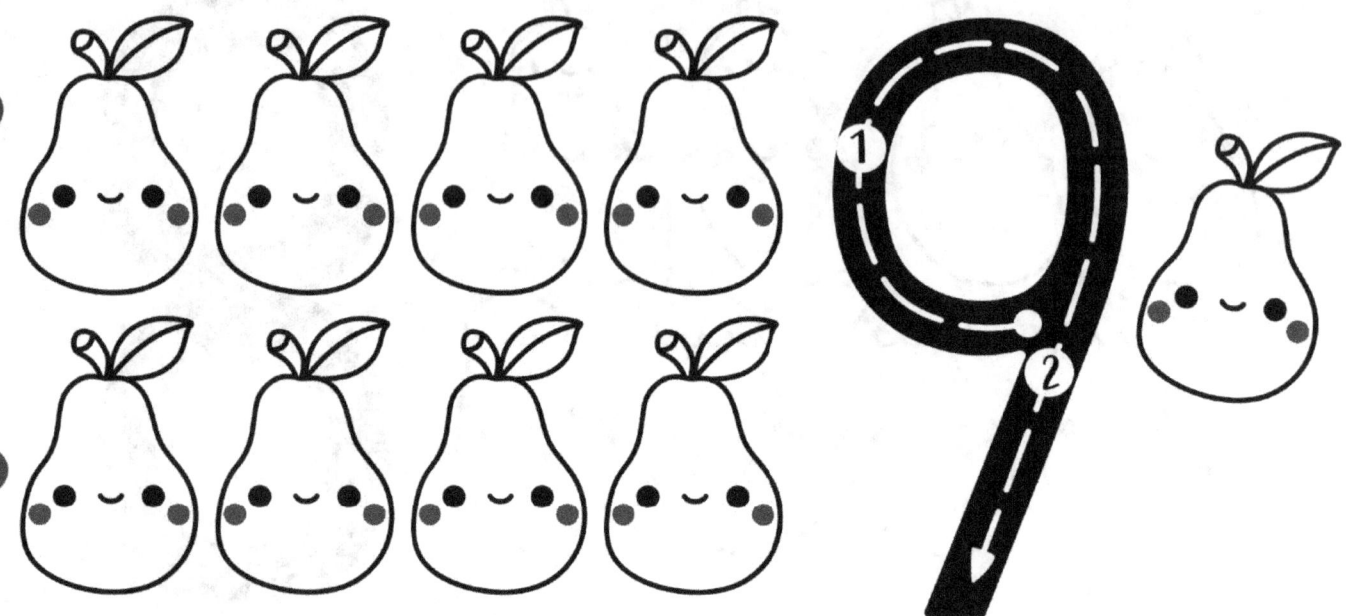

Nine pears

9 9 9 9 9

9 9 9 9 9

nine nine nine

nine nine nine

Trace Number - 10

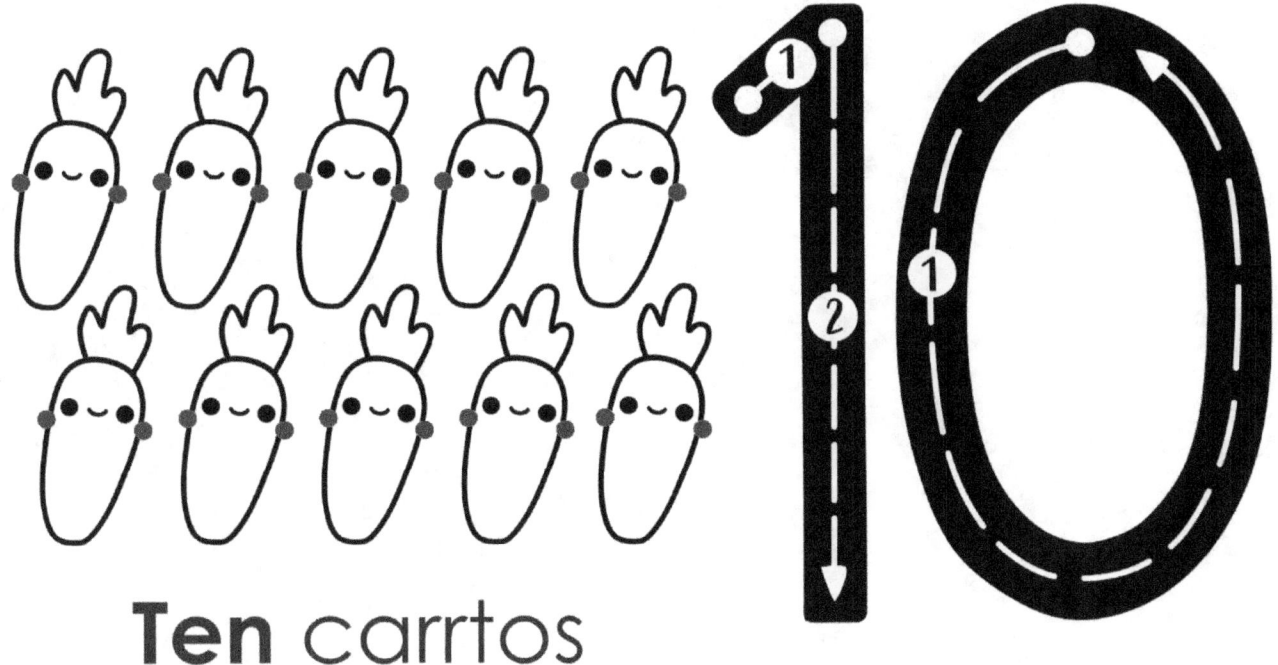

Ten carrtos

10 10 10 10

10 10 10 10 10

ten ten ten

ten ten ten

COLOR NUMBER - 6

COLOR NUMBER - 1

COLOR NUMBER - 4

COLOR NUMBER - 7

COLOR NUMBER - 3

TRACE AND COLOR

Trace:

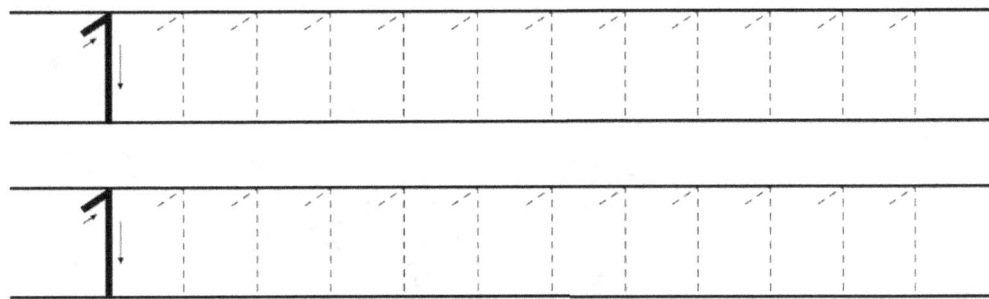

Find and color 1:

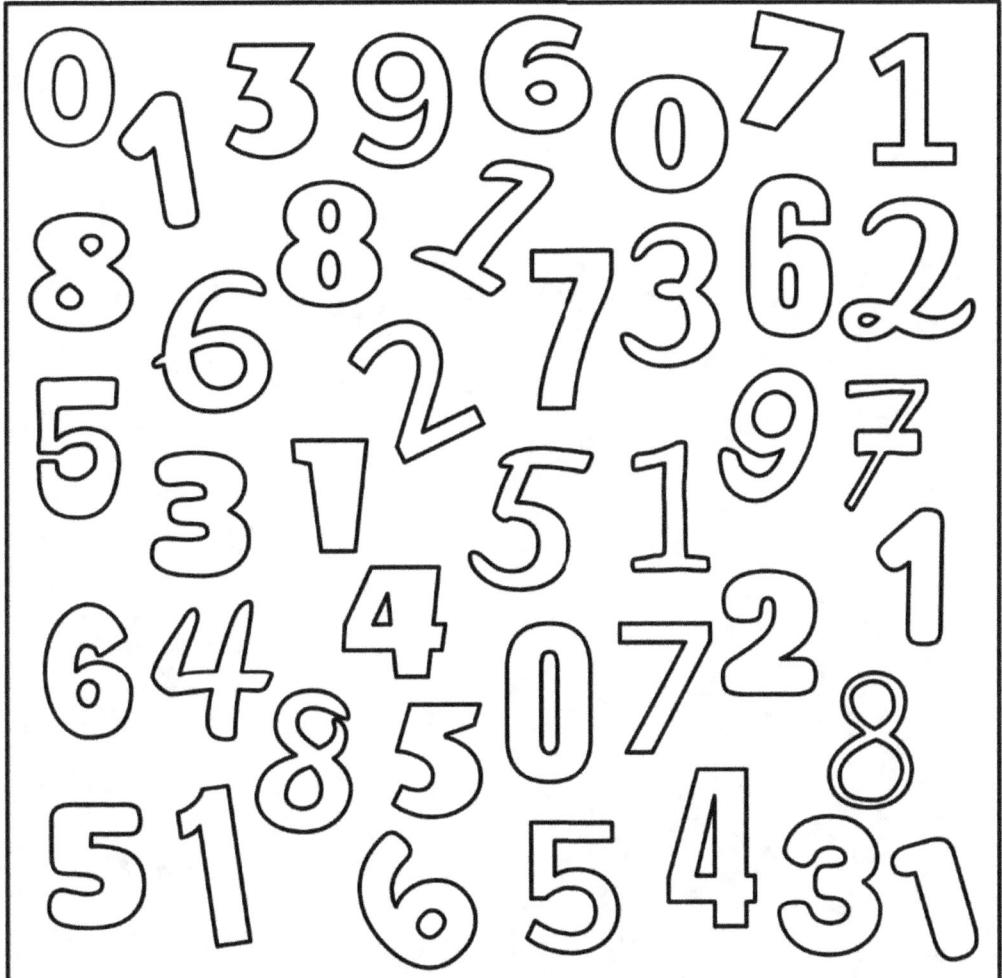

TRACE AND COLOR

Trace:

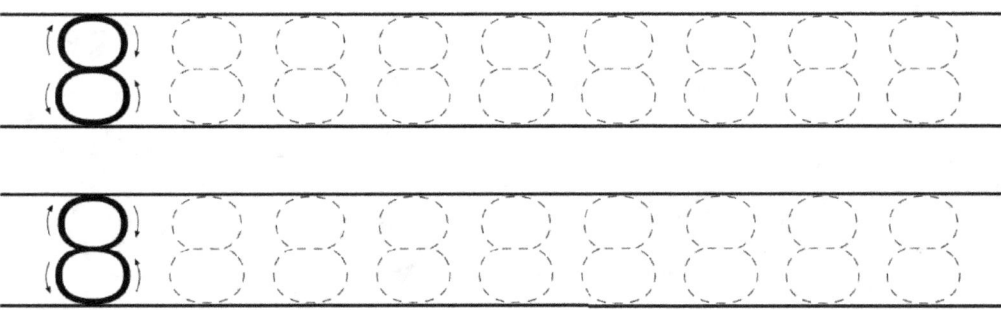

Find and color 8:

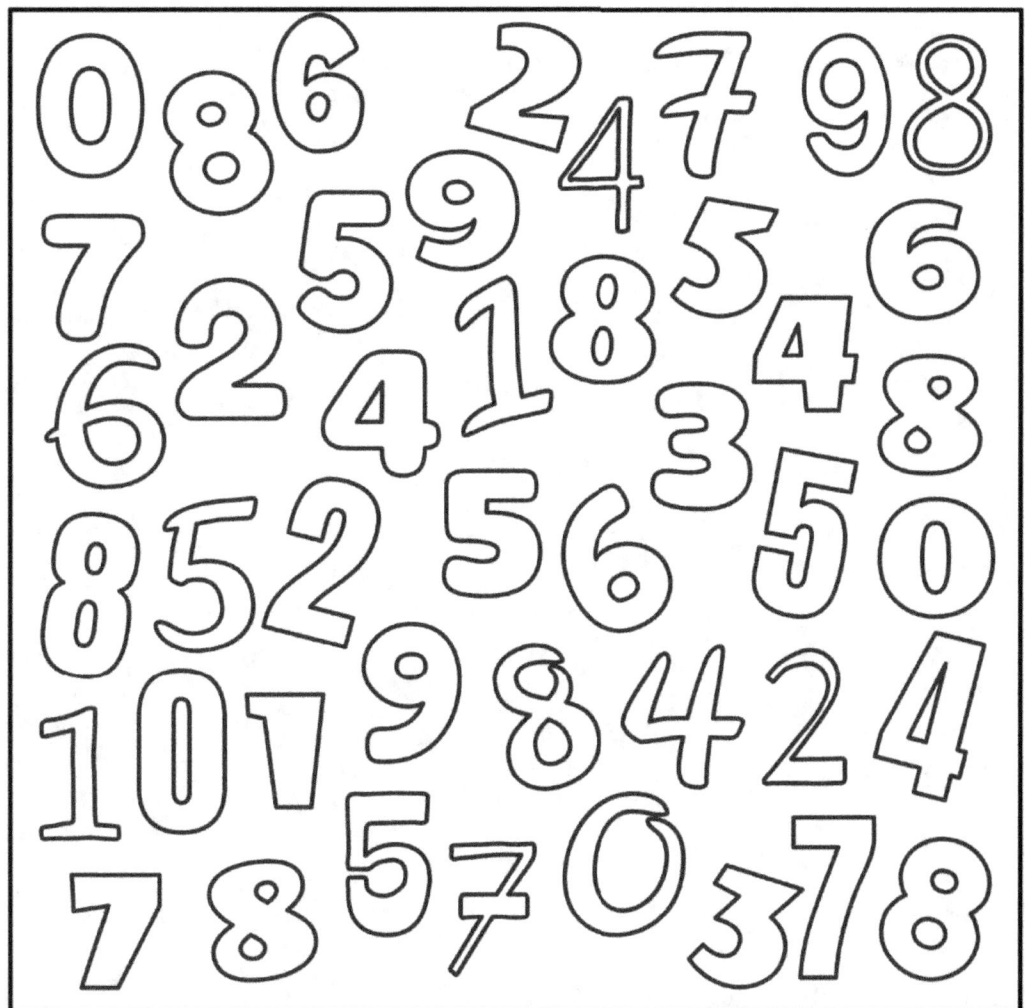

TRACE AND COLOR

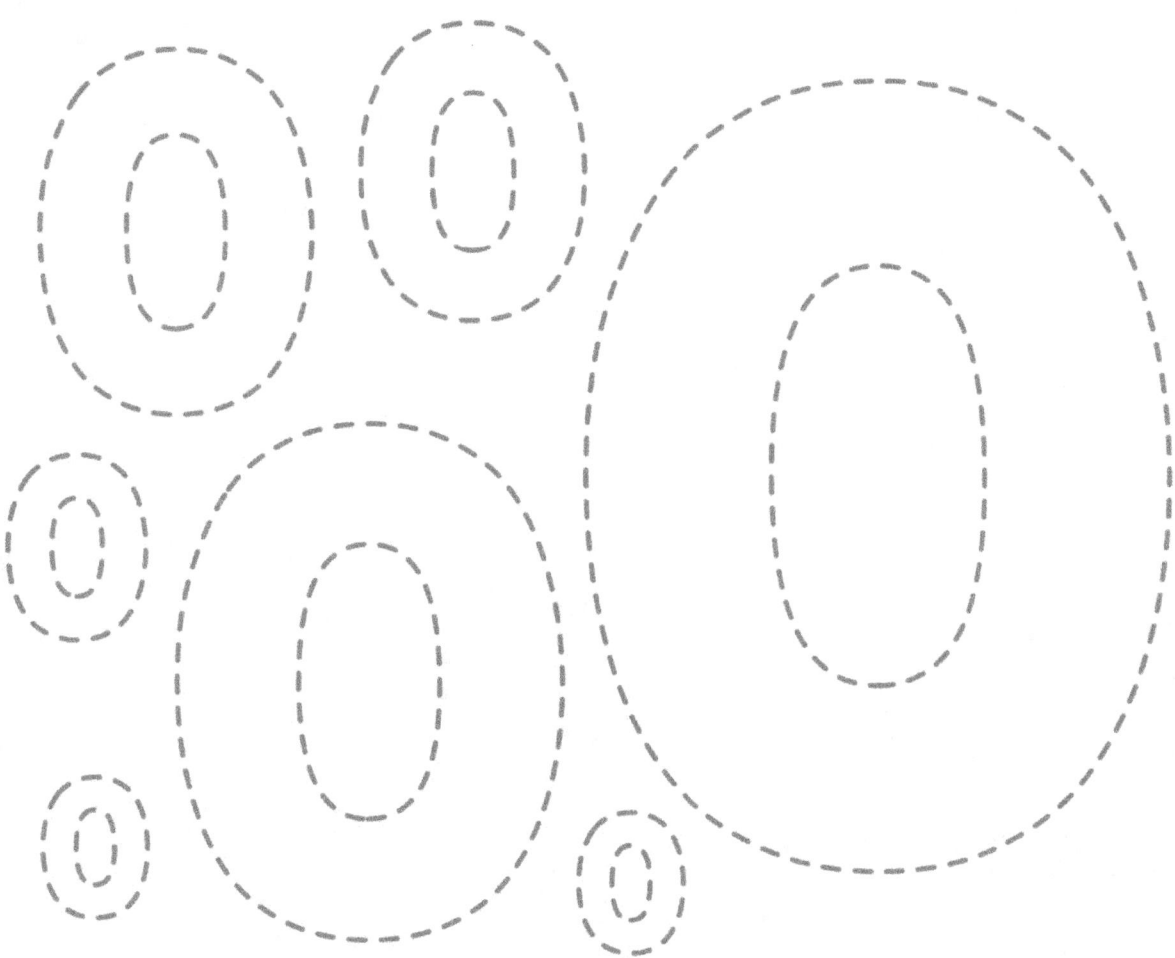

TRACE AND COLOR

TRACE AND COLOR

TRACE AND COLOR

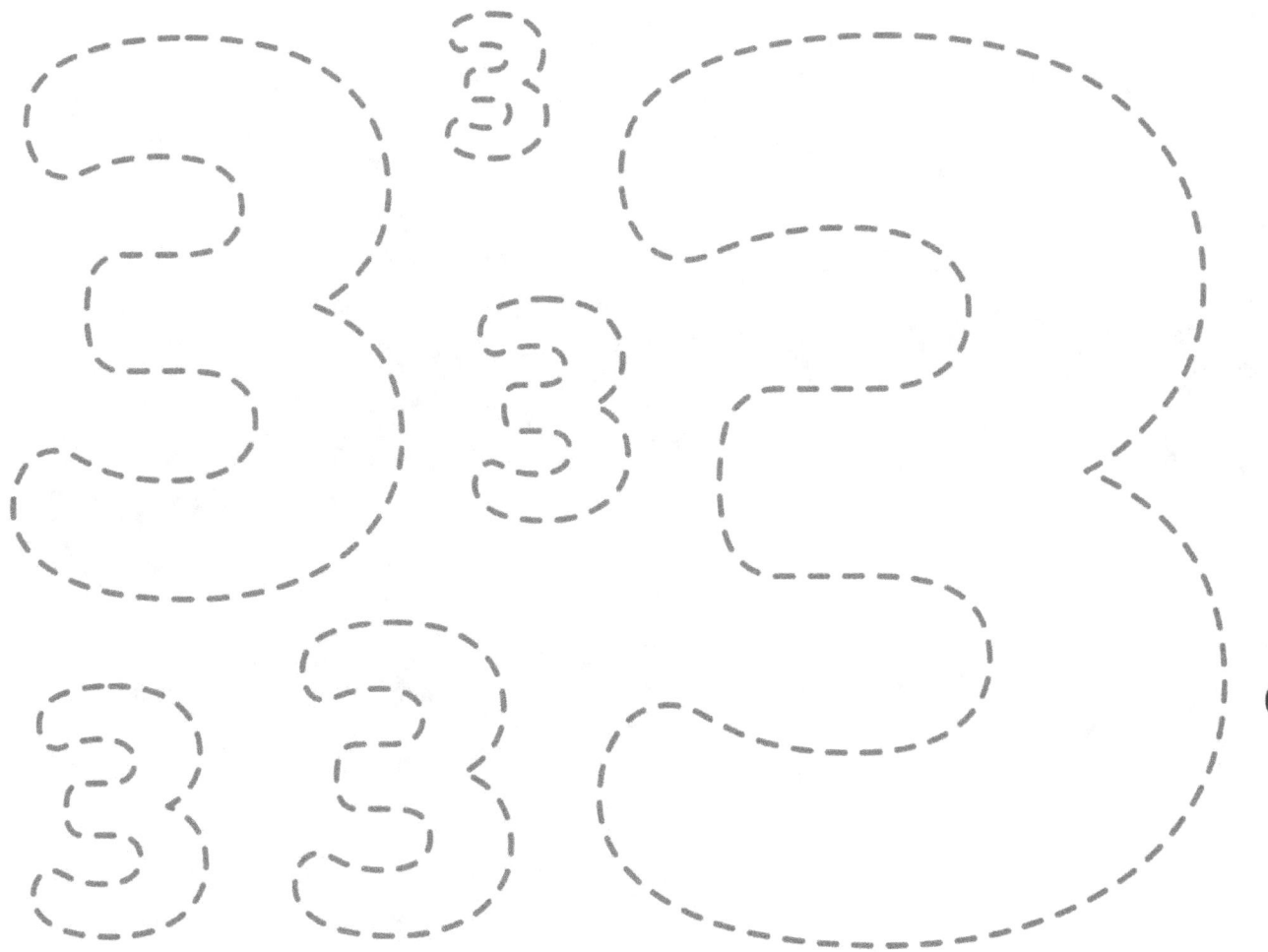

TRACE AND COLOR

TRACE AND COLOR

TRACE AND COLOR

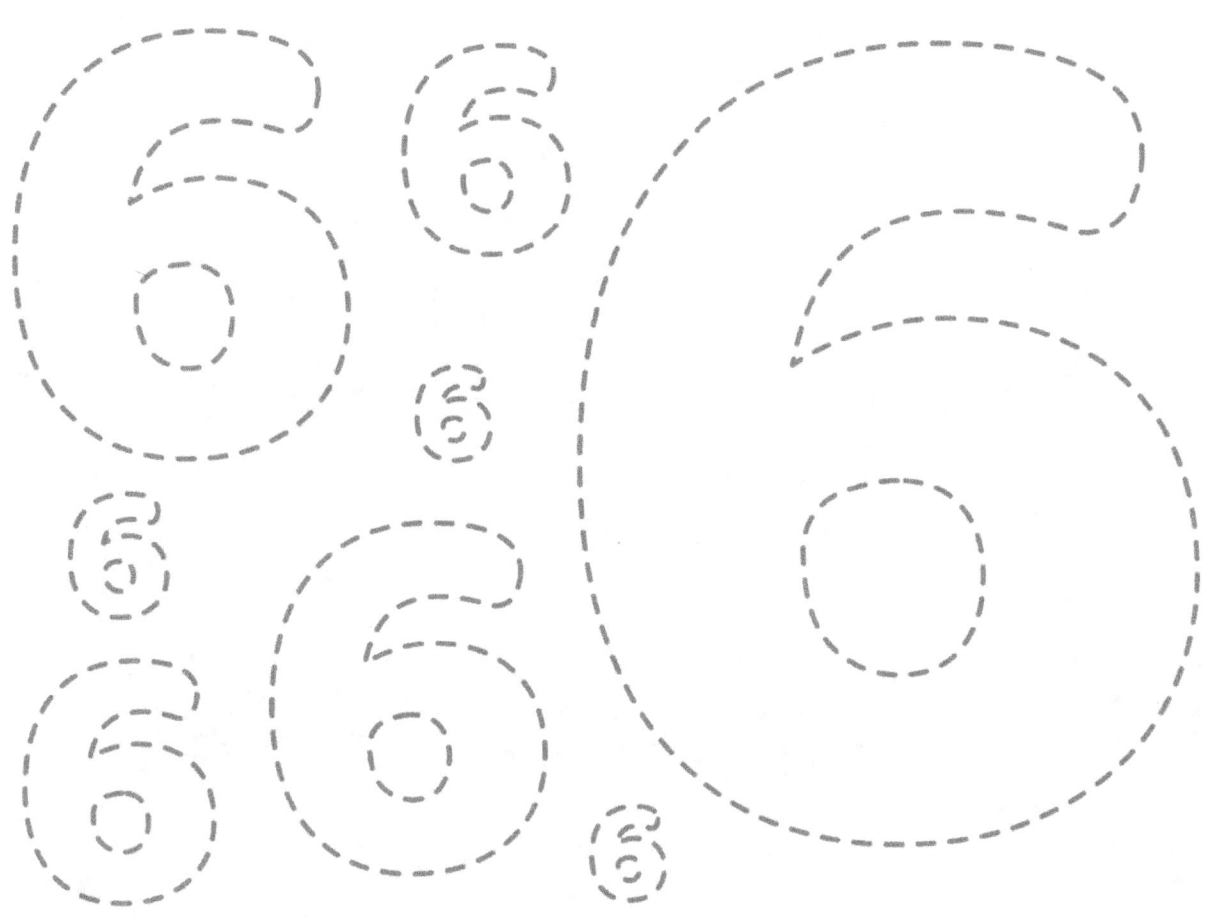

TRACE AND COLOR

TRACE AND COLOR

TRACE AND COLOR

FIND THE NUMBER

Color the cell with the number 1 to receive a picture.

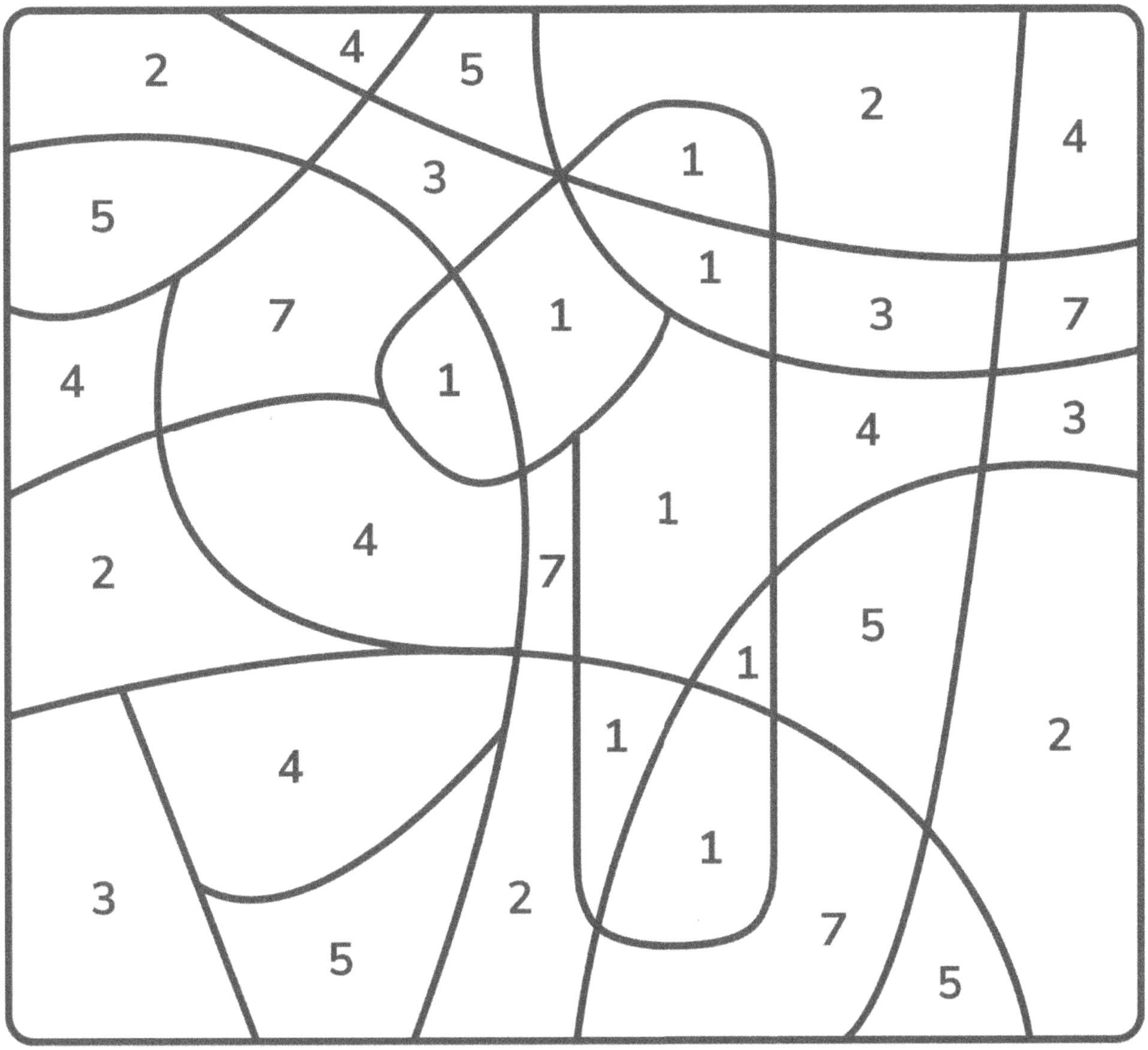

FIND THE NUMBER

Color the cell with the number 2 to receive a picture.

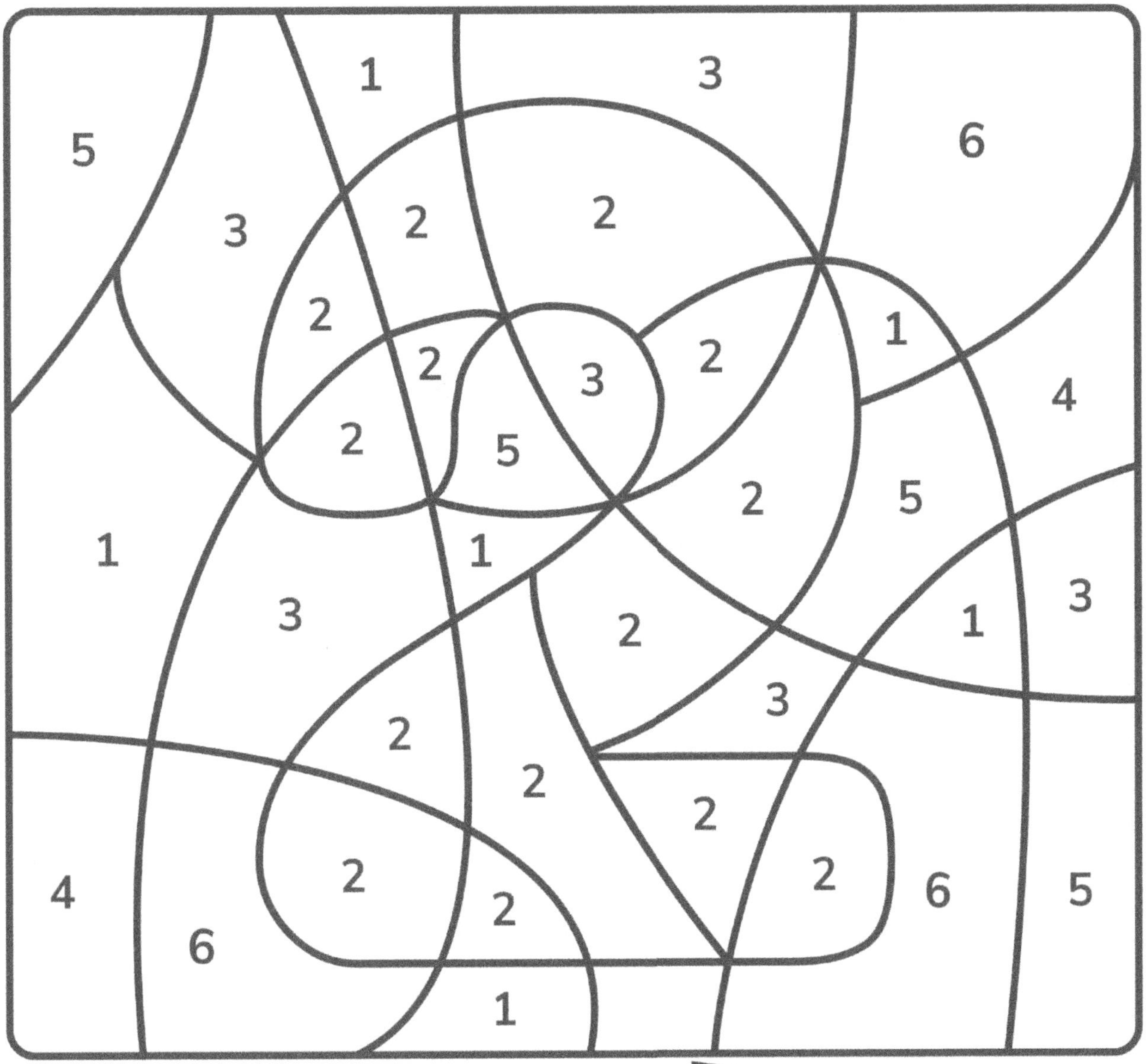

FIND THE NUMBER

Color the cell with the number 3 to receive a picture.

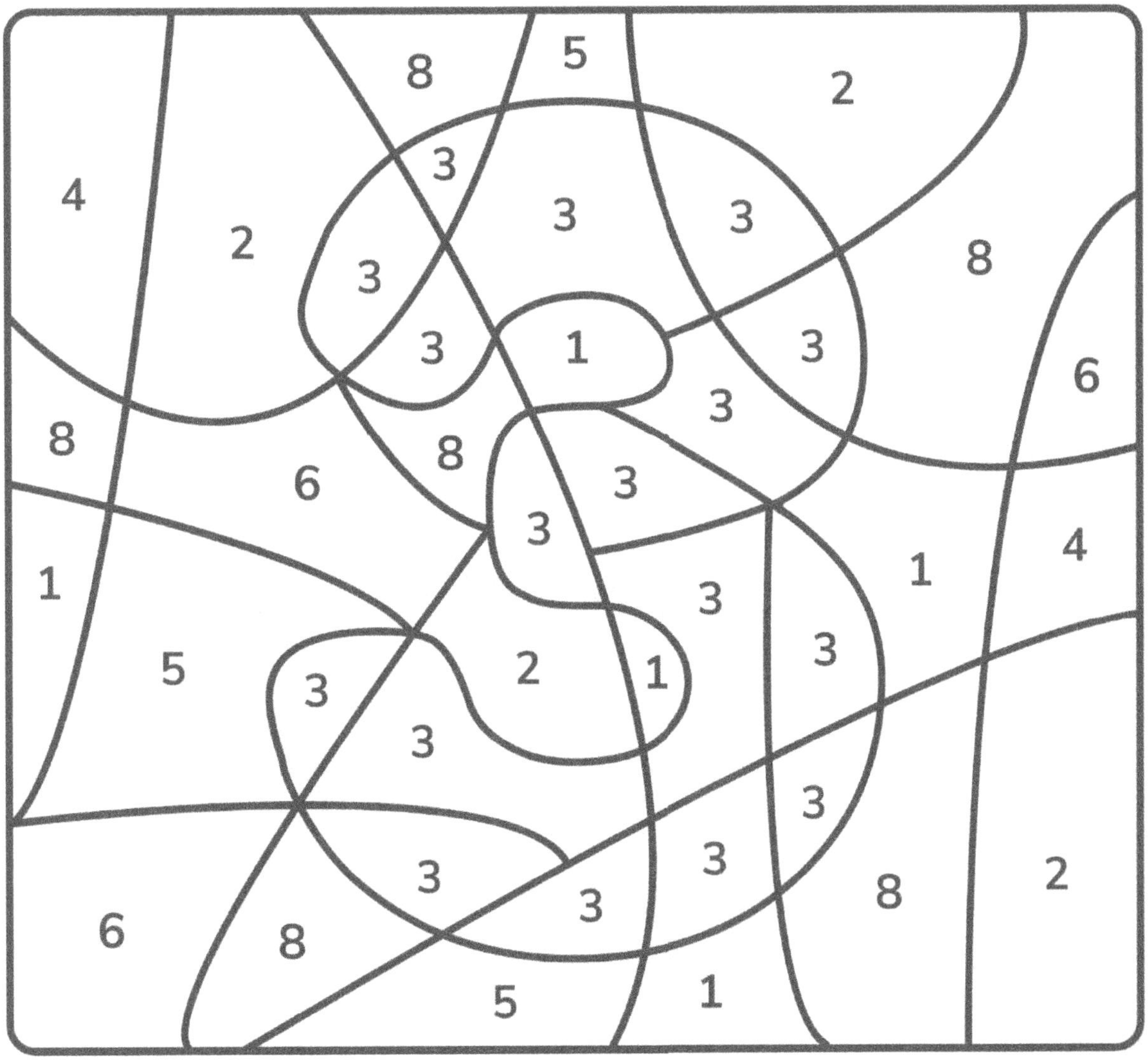

FIND THE NUMBER

Color the cell with the number 4 to receive a picture.

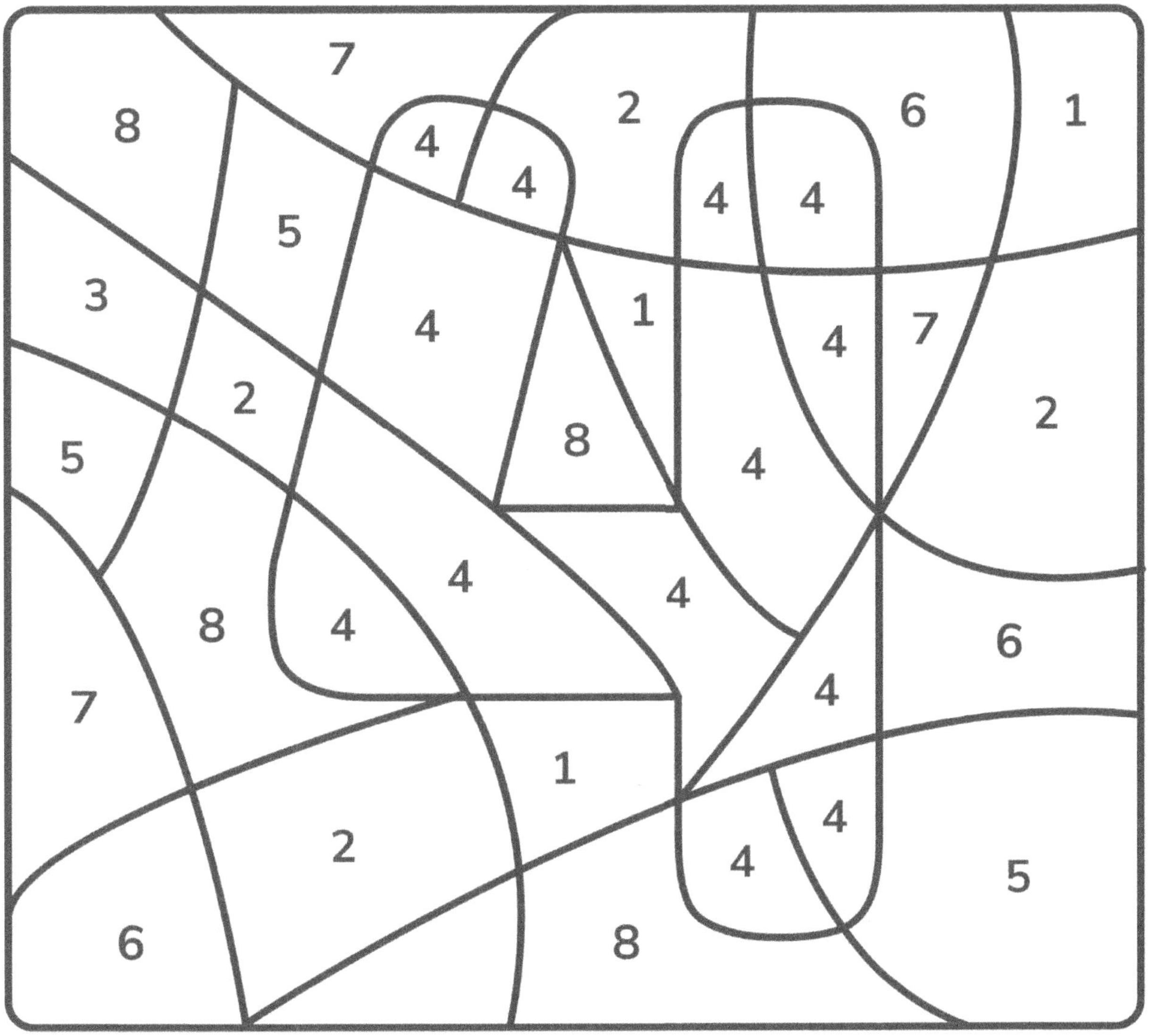

FIND THE NUMBER

Color the cell with the number 5 to receive a picture.

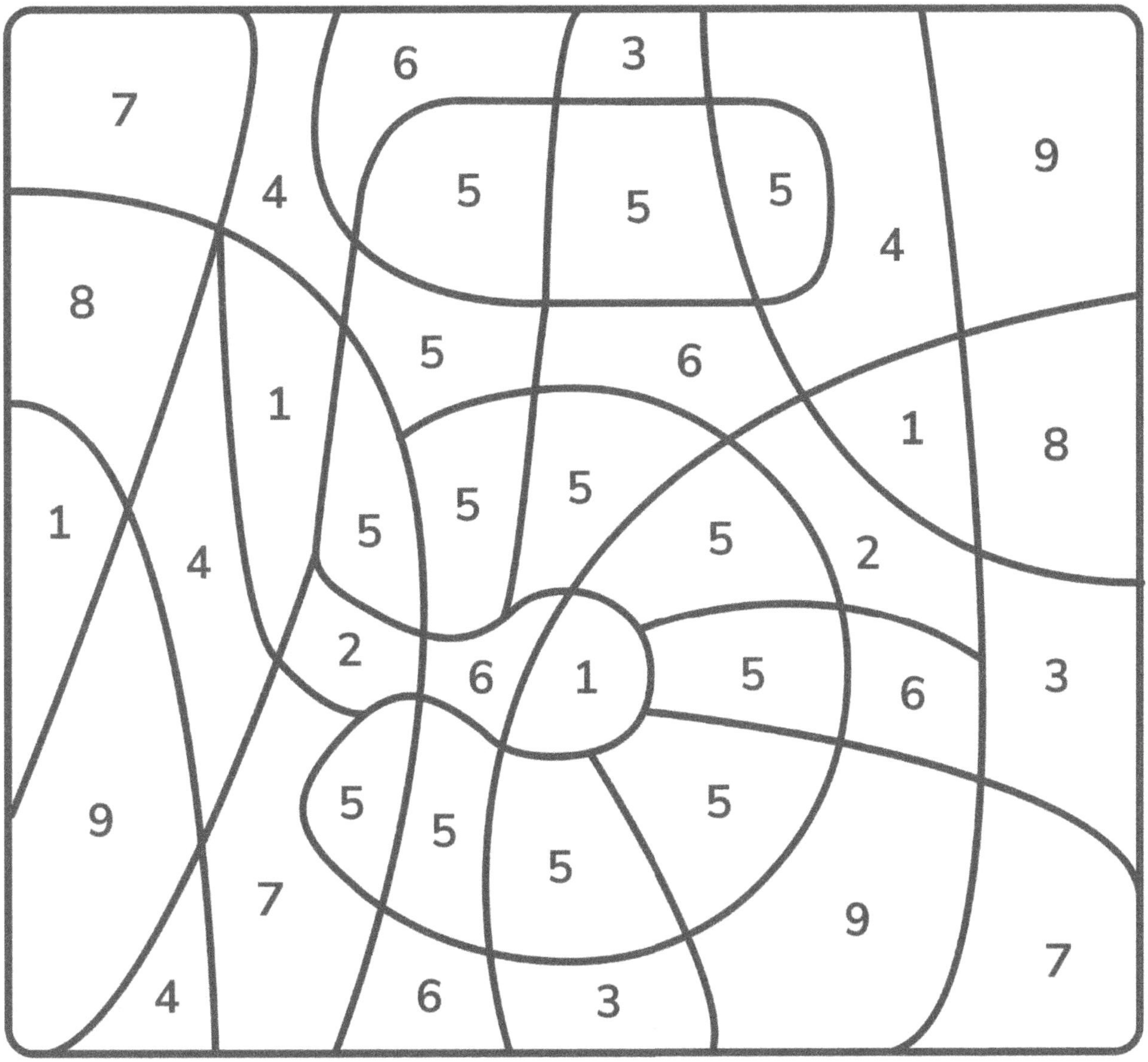

FIND THE NUMBER

Color the cell with the number 6 to receive a picture.

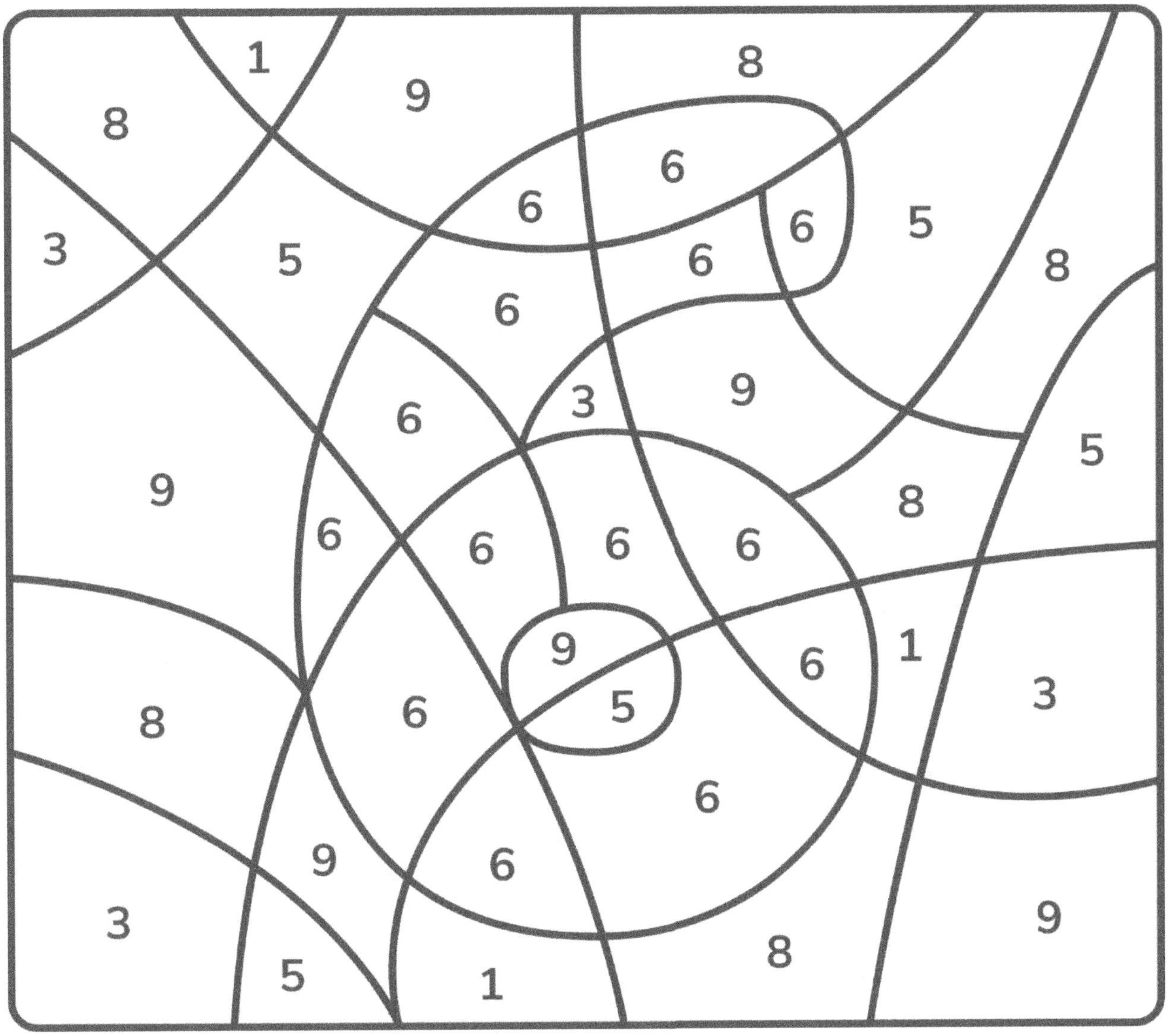

FIND THE NUMBER

Color the cell with the number 7 to receive a picture.

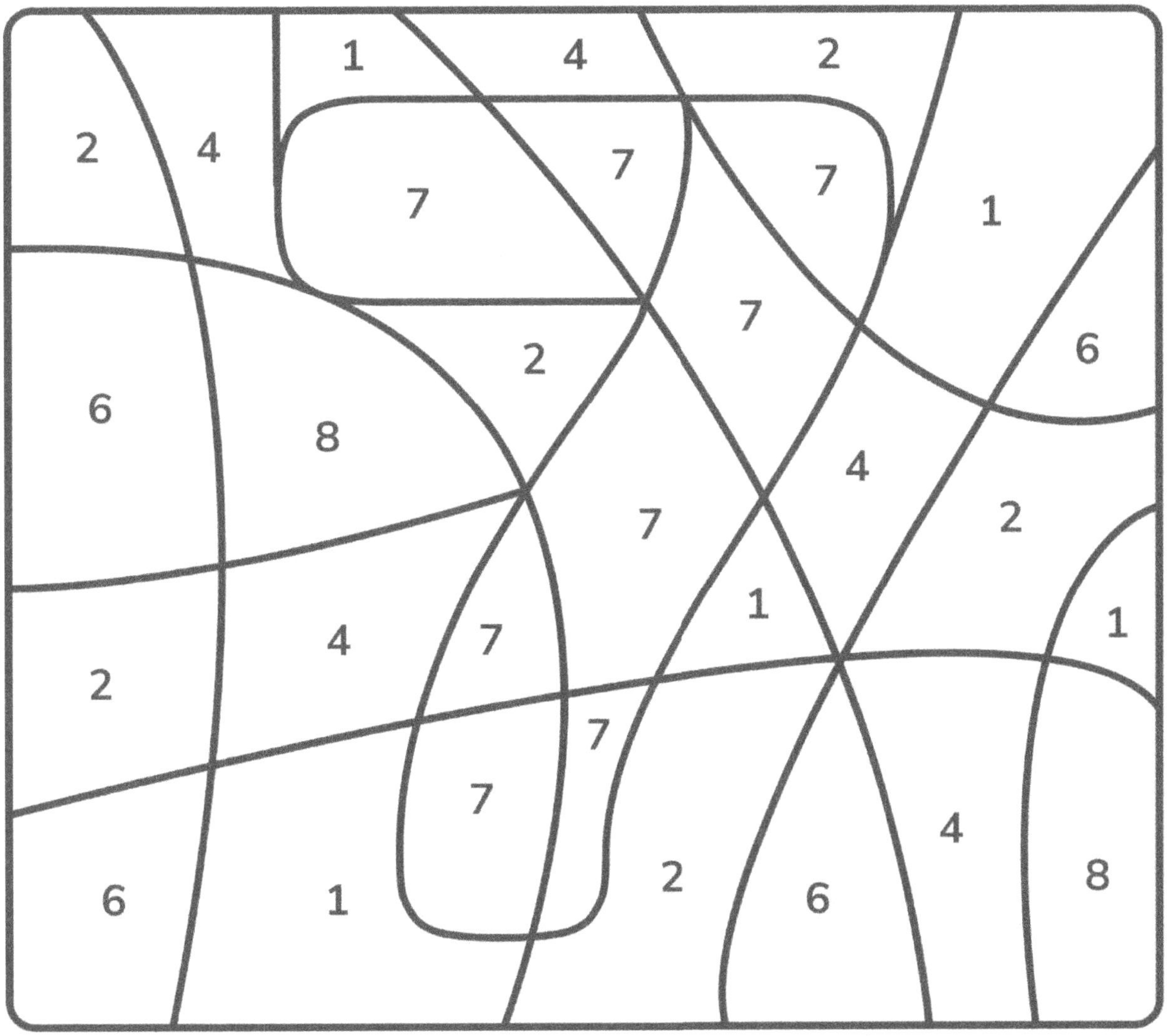

FIND THE NUMBER

Color the cell with the number 8 to receive a picture.

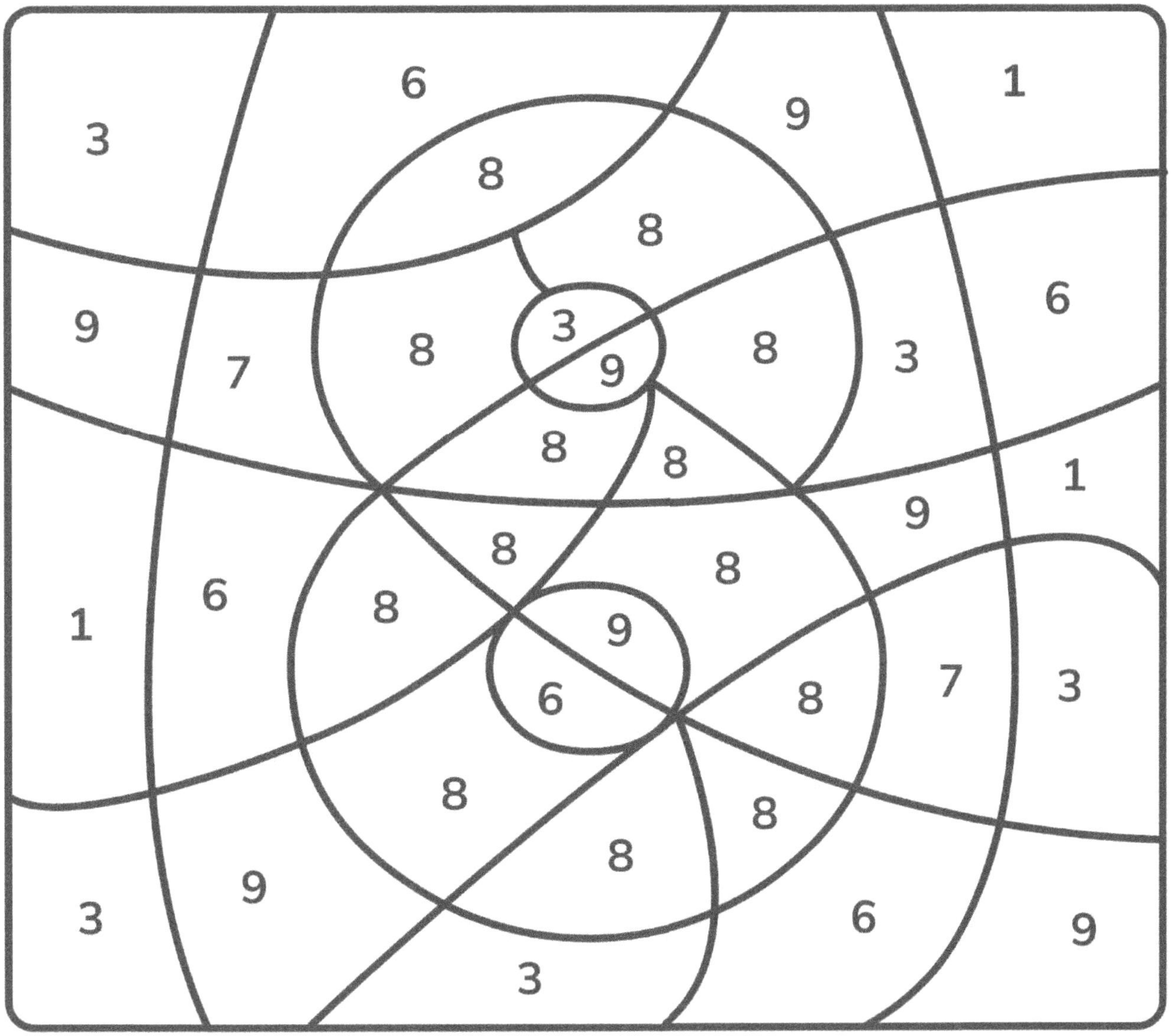

FIND THE NUMBER

Color the cell with the number 9 to receive a picture.

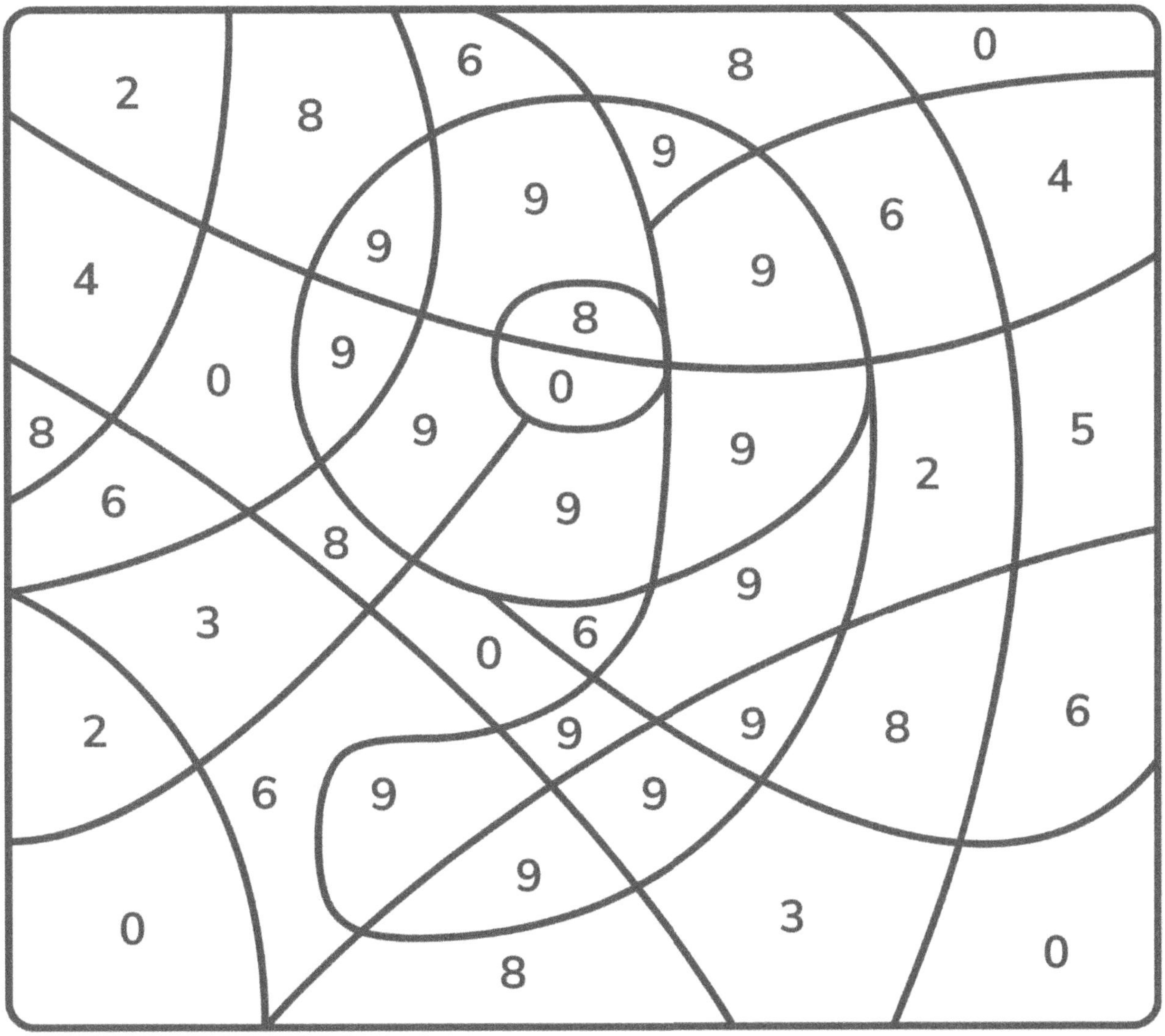

ADDITION

1 2 3

🍎 + 🍎 = [?]

🍎🍎🍎 + 🍎🍎 = [?]

🍎🍎 + 🍎🍎 = [?]

🍎🍎 + 🍎 = [?]

2   4   5   3

ADDITION

2 + 2 = ?

3 + 3 = ?

1 + 1 = ?

4 + 3 = ?

3 + 2 = ?

- -

4   5   6   2   7

ADDITION

     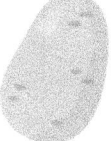

 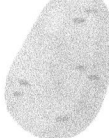 **+**   **=** 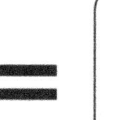 **?**

   **+** 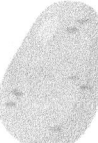  **=** **?**

 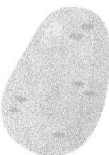 **+**  **=**  **?**

 **+**  **=**  **?**

   **5**   **3**   **4**

ADDITION

4 + 2 = ?

3 + 2 = ?

4 + 3 = ?

2 + 2 = ?

5   6   4   7

ADDITION

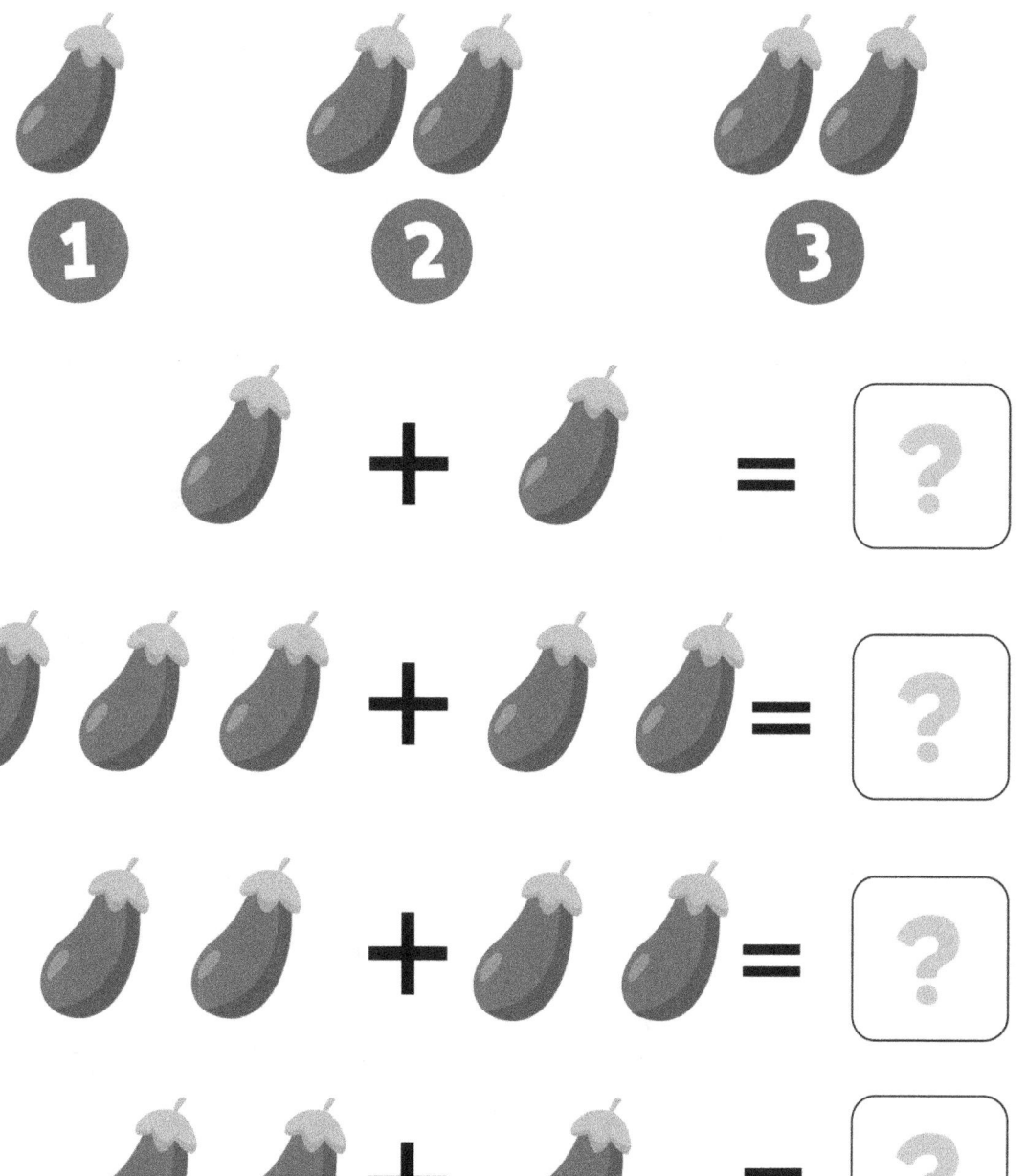

ADDITION

3 + 1 =

9 + 2 =

11 + 1 =

11 + 3 =

3 + 7 =

12 + 6 =

11 + 5 =

2 + 9 =

7 + 6 =

6 + 10 =

1 + 3 =

12 + 9 =

4 + 4 =

12 + 4 =

4 + 8 =

10 + 8 =

5 + 11 =

5 + 12 =

9 + 11 =

11 + 12 =

SUBTRACTION

4 - 1 = 3

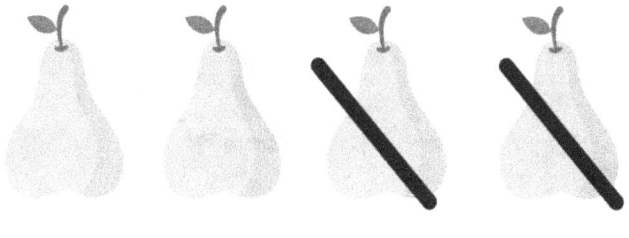
3 - 1 =

4 - 2 =

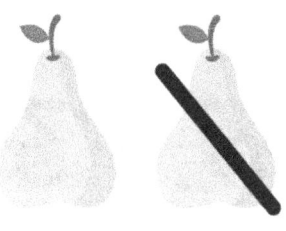
5 - 1 =

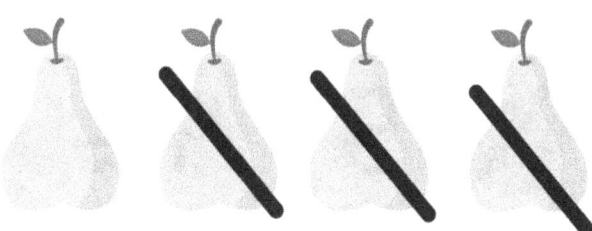
2 - 1 =

4 - 3 =

SUBTRACTION

 3 - 1 = 2

 2 - 1 = ?

 3 - 2 = ?

 4 - 2 = ?

 3 - 3 = ?

 5 - 4 = ?

SUBTRACTION

4 - 1 = 3

3 - 1 = 2

4 - 2 = 2

5 - 2 = 3

5 - 3 = 2

6 - 3 = 3

SUBTRACTION

 3 - 1 = 2

🍉🍉 2 - 1 = ?

🍉🍉🍉 3 - 1 = ?

🍉🍉🍉🍉🍉 5 - 2 = ?

🍉🍉🍉🍉 4 - 3 = ?

 6 - 3 = ?

PASTE THE MISSING NUMBERS

1		3		5		7		9	10
	12		14		16		18		20
21		23	24	25		27		29	
	32	33			36	37	38		40
41		43	44	45			48		50
	52	53		55	56	57	58	59	
61		63	64	65		67	68		70
71		73		75	76		78	79	
	82	83		85	86	87		89	90
91	92		94		96	97	98		100

CAN YOU WRITE FROM 1 TO 20?

www.ingramcontent.com/pod-product-compliance
Lightning Source LLC
Chambersburg PA
CBHW080518220526
45465CB00006B/2525